Karl von Eckartshausen

Über die Perfektibilität des Menschengeschlechtes

Karl von Eckartshausen

Über die Perfektibilität des Menschengeschlechtes

ISBN/EAN: 9783743602748

Hergestellt in Europa, USA, Kanada, Australien, Japan

Cover: Foto ©berggeist007 / pixelio.de

Weitere Bücher finden Sie auf **www.hansebooks.com**

Liegt die Perfektibilität des Menschen wirklich in seinem Wesen? Ist er wirklich der Vervollkommnung fähig? —

Dieses ist die Frage: aber was ist Vollkommenheit, was ist Perfektibilität? —

Alles was unter den Körpern vollkommen genennt wird, besteht in proportionirlicher Verbindung der Theile mit dem Ganzen.

Dieses Gesetz des Aeußern muß auch dem Innern anpassen; auch da muß Vollkommenheit in proportioneller Verbindung der Theile mit dem Ganzen seyn.

Was sind aber die Theile, die das Menschenwesen ausmachen? Sind es nicht im Innern

Vernunft

A 2　　　Wille,

Wille,

    Selbstthätigkeit?

Im Aeußern

    Fähigkeit zu empfinden,

    Empfänglichkeit,

    Empfindung?

Proportionelle Uebereinstimmung muß da her auch unter diesen Eigenschaften herrsche nach

    Gesetz, Mittel, und Zweck,

die die Natur ihres Wesens zu ihrer Erhaltung ihnen vorschreibt.

Was Gesetz ist, muß Gesetz bleiben, wa Mittel ist, Mittel, und was Zweck ist, Zweck

Die Verwechselung der Bestandtheile diese Maaßstabes ist die Quelle aller Unvollkommen heiten der Natur.

Betrachten wir nur die Welt; Sittlichke soll ihr Gesetz seyn, Sinnlichkeit das Mittel Vollkommenheit ihr Zweck. Sie verkehrt ab den Maaßstab; macht die Sinnlichkeit zur Gesetz, den Genuß zum Zweck, und bedier
sich

sich ihrer Kräfte als Mittel zu ihrem eigenen Verderben.

So wird das Gleichmaaß der Ordnung gestört; so entsteht der Streit zwischen Sinnlichkeit, und Sittlichkeit; so wird das Böse die Folge dieser Unordnung, das nicht eher aufhören wird, als bis die Sittlichkeit den Sieg und die Alleinherrschaft über die Sinnlichkeit erhalten hat.

Die Tendenz nach diesem Sieg, und der beständige Kampf zwischen dem Guten und Bösen zeigt schon die Möglichkeit der Vervollkommnung an, nach der wir ringen. Die Vollendung besteht in der gänzlichen Unterwerfung der Sinnlichkeit unter das Gesetz der Sittlichkeit; d. h. die Menschen werden vollkommen seyn, wenn ihre Selbstthätigkeit mit einem dem Vernunfts-Gesetze untergeordneten Willen übereinstimmet.

Aber was ist die Vernunft? was sind ihre Gesetze? —

Die Quelle der Vernunft ist Gott selbst; die erste Kraft denkender Kräfte; die ewigen und unveränderlichen Verhältnisse seiner Einheit bestimmen

bestimmen seine Vollkommenheit, und machen seine eigene Gesetze, die sich die Gottheit selbst giebt.

Diese ewige, unveränderliche Verbindungen der Ideen der Gottheit selbst zur Glückseligkeit denkender Wesen außer ihr sind die reinen Vernunftsgesetze denkender Wesen.

Wie kann der Mensch, ist nun die Frage, diese Gesetze kennen lernen?

Die Antwort giebt ihm die Natur, da sie ihm den Maaßstab aller Dinge zeigt —

Gesetz, Mittel, Zweck,

die nie verwechselt werden dürfen, nie verwechselt werden können, ohne Unordnung hervorzubringen.

Deine Thätigkeit sey deinem Willen, dein Wille der reinen Vernunft, und deine Vernunft dem Gesetze Gottes untergeordnet. Dieß ist die allgemeine Form, in der sich das Gesetz der Vervollkommnung ausdrückt.

Höchste Vollkommenheit, und die daraus entspringende Glückseligkeit des ganzen Menschengeschlechts ist Schöpfungs-Zweck.

Mittel

Mittel in unserm Daseyn ist die Sinnlich:
keit, die der Sittlichkeit untergeordnet seyn
muß.

Das Gesetz ist die reine Vernunft. Diese
kann aber nur dann rein genennt werden, wenn
sie von allem Vielfältigen geschieden ins Einfa:
che übergeht, an die Einheit sich anschließt,
und übereinstimmend mit den Ideen der Gott:
heit wird.

Aus diesen Uebereinstimmungen entsteht die
Ordnung; aus der Ordnung die Verhältnisse
oder Gesetze der Dinge. So geht der Weg
stuffenweis zur Vervollkommnung; aber wo ist
das Licht, das uns auf diesem Wege leitet?
Wo soll der Mensch dieses Licht suchen? wo
finden?

Im Herzen derjenigen, die sich zu Lehrern
der Vernunftsgesetze aufwerfen, ist es größten:
theils noch Nacht. Der Wille der Welt, der Ge:
lehrten handelt nicht nach den Einsichten; man
bleibt allgemein beym Wissen stehen. Was
soll aus diesem Allen werden? —

Vernunft ohne Kraft, Herz ohne Macht. —

Men:

Menschenvernunft gleicht in unsern Zeiten dem Lichte eines Wintertages; es beleuchtet die Gegenstände, bringt aber nichts hervor. Er kennen ohne Ausüben sind die Wintertage unserer Seele. Nie werden auch die Philosophen unserer Zeit die Perfektibilität des Menschengeschlechts zur Vollkommenheit bringen. Ihre Vernunft ist nicht rein von Vorurtheilen; kann sie rein werden, weil immer Wolken der Leidenschaften aus dem Herzen aufsteigen, die dieses Licht verdunkeln.

Die meisten suchen sich, nicht die Natur, nicht Gott. Sie wollen nicht die Wahrheit auf den Thron erheben, sondern ihre Meynungen; sie wollen nicht, daß die Sonne der reinen Vernunft über die Menschen leuchte, sondern beym Lampenlicht ihrer Systeme wollen sie die Welt aufklären.

Zudem haben sie auch keinen Maaßstab ihrer Gedanken, um ihre Ideen nach dem Maaße der Natur zu messen; auch mangeln ihnen Waage und Gewicht, um sagen zu können: dieses ist das reine Gewicht der Wahrheit!

Und

Und wenn sie auch dieses alles hätten, wo
bleibt die Macht fürs Herz, damit Thätigkeit
und Wille sich den erkannten Vernunftsgese=
tzen unterwerfen? Und was nützt erkennen,
ohne das Erkannte zu wollen?

Durch Licht und Wärme gedeiht die Na=
tur; durch Weisheit und Liebe die Huma=
nität.

Weisheit ist die Ausübung der reinsten
Vernunftsgesetze; —

Liebe harmonischer Einklang der Selbstthä=
tigkeit eines nach Vernunftgesetzen geordneten
Willens.

Also gehört zur Perfektibilität des Men=
schengeschlechts Kraft für die Vernunft, um
die Ordnung der Dinge rein zu erkennen; —

Macht für das Herz, um die erkannte
Ordnung harmonisch auszuführen.

Kraft und Macht liegen aber nicht in uns.
Wir sind kraftlose, ohnmächtige Geschöpfe.
Durch Sinne erlangen wir unsere Ideen,
durch schwächliche Sinne, die uns selbst in
der

der Erfahrung betrügen, und durch diese ge=
brechliche Waare bilden wir die Natur unserer
Vernunft, die die Welt-beherrschen soll. Die=
ses ist das Idol, dem wir Weihrauch streuen,
dem wir unsere und anderer Menschen Glück=
seligkeit aufopfern.

Erkenntniß unserer Unkraft und Ohnmacht
sind die ersten Stuffen zur Weisheit. Die
Vollkommenheit dort aufzusuchen, wo Kraft
und Macht ist, das ist das Bestreben des nach
Wahrheitringenden. Der Vernünftige hält
sich an die Quelle, und trinkt nicht aus ab=
geleiteten Bächen.

Wo ist aber diese Quelle der Vollkommen=
heit? — Sie ist Gott, und kann nur Gott
seyn.

Wie die Sonne die Quelle des Lichts und
der Wärme ist, aus der das Leben und Auf=
keimen der ganzen Natur entspringt, so ist
Gott die Quelle der Weisheit und der Liebe,
die unserer Vernunft Gedeihen, unserm Wissen
Thätigkeit nach Ordnung giebt.

Die

Die Betrachtung seiner Höhe zeigt die Tiefe, in der wir stehen; die Betrachtung seiner höchsten Vollkommenheit, unsere Unvollkommenheit und Entfernung.

Entfernt sind wir also von Weisheit und Liebe — entfernt von der Quelle der Vollkommenheit.

Annäherung, Aufsteigen ist daher nothwendig; aber wer giebt uns Kraft aufzusteigen, wer Macht? — Liegt es in uns? — Liegt die Kraft sich zu entwickeln wohl im Keime? Liegt es in der Knospe der Blume, daß sie blühe? Kömmt das Gedeihen nicht überall von oben? Ist es nicht der Blick der sanften Frühlingssonne, der das Heer der Blumen erzieht, der die Knospe entwickelt, dem Baume Blätter giebt, und die Staude mit Blüthe bekleidet? — Auch unser Herz bedarf des Blicks von oben, und dieser Blick der Sonne der Geisterwelt ist Gnade, und also diese Gnade winkt dem gefallenen Menschen von dem ersten Tage seiner Verirrung bis zum letzten seines Lebens immer zurück. Alles in der ganzen Natur winkt zur Vollkommenheit, alles

ist

ſt Sprache der Liebe; alles ruft: Komm zu⸗
rück! komm zurück! —

Und wohin? zur Glückſeligkeit, zur Zu⸗
friedenheit, zum Vergnügen, wovon ſich der
Menſch durch Mißbrauch ſeiner Freyheit ge⸗
rennt hat. Verbinde dich wieder mit Gott,
der Quelle deines Glücks!

Alſo Wiederverbindung führt mich wieder
zurück zu meinem Glücke; und was heißt Wie⸗
derverbindung? Heißt ſie nicht Religion? —

Religion iſt alſo die Lehre, die mich die
Wiederverbindung mit Gott, der Quelle mei⸗
ner Glückſeligkeit, lehrt.

Da es alſo nur einen Gott giebt, nur eine
Art von Wiederverbindung mit ihm, ſo kann
auch nur eine einzige Lehre ſeyn, die dieſe Wie⸗
derverbindung uns offenbart, nur e i n e Re⸗
igion.

Religion gründet ſich daher in der Natur
unſers Weſens, in der Möglichkeit der Perfek⸗
ibilität, die wir nur durch ſie erlangen.

Religion

Religion ist also die große Schule der Menschenerziehung, und ihr Zweck ist also höchste Vervollkommnung der Menschheit.

Wer ist aber der Lehrer dieser großen Erziehungsschule? — Gott selbst als die Quelle des Lichts kann es allein nur seyn, nur das Licht theilt das Licht mit, nur die Sonne bringt den Tag wieder; nur durch sie enthüllen sich alle Gegenstände sichtbar in ihrem Lichte. So offenbaren sich die Schönheiten der Natur in ihrem Glanze und geben uns analoge Begriffe der religiösen Offenbarung der Erleuchtung.

Immer mehr Licht zu verbreiten bis zum hellsten Mittag ist der Sonne Lichtbeschäftigung; überall neuen Seegen zu verbreiten, neues Leben bis zur Erndte, ist die Beschäftigung ihrer Wärme.

Diese Beschäftigung ist auch die der Gottheit. Durch Weisheit zu erleuchten, durch Liebe wohlzuthun; uns weise und gut zu machen, und dadurch glücklich und zufrieden ist der Vollendung höchster Zweck von beyden.

(Nach

Nach welchen Gesetzen verhält sich aber diese Vollendung? eine weitere Frage.

Nach den Gesetzen der Ordnung. Gott ist ein vollkommnes Wesen, und Vollkommenheit ist Ordnung und Harmonie. Willst du wissen, auf welche Art das Menschengeschlecht zur höchsten Vollkommenheit geführt wird, so lerne zuvor die Stuffe der Unvollkommenheit kennen, auf der es steht. Um so viel Stuffen man herab steigt, um so viel muß man wieder aufsteigen; um so viel Grade man sich entfernt hat, um so viel muß man sich wieder annähern.

Der Mensch hat drey Prinzipien seines innern Wesens; Vernunft, Wille, Selbstthätigkeit, oder, was man nach dem sinnlichen Ausdrucke Kopf, Herz und Geist nennt.

Die Vernunft, der Wille, die Selbstthätigkeit des Menschen entfernten sich von der Ordnung. So verlor der Mensch Kraft und Macht, und die aus beyden entspringende Glückseligkeit seines Wesens.

Sittlichkeit

Sittlichkeit war sein Gesetz, denn Sittlich=
keit ist Ordnung und kömmt von Gott.

Die Sinnlichkeit hätte der Sittlichkeit un=
terworfen bleiben sollen, das war das Geboth.
Der Mensch trennte sich aber vom Sittlichen,
und ließ sich vom Sinnlichen beherrschen; so
wurde die Ordnung verkehrt, und da Sinn=
lichkeit sein Gesetz wurde, mußte er nothwendig
ihre Wirkung fühlen.

So versank die Vernunft in Vorurtheile,
das Herz in Irrthümer, die Selbstthätigkeit
in Sünden, oder Handlungen wieder die
Ordnung.

So wurden die drey Grundprinzipien im
Menschen verdorben; so stieg der Mensch drey
große Stuffen vom Glücke zum Unglück her=
unter, und muß diese drey Stuffen wieder auf=
steigen, wenn er glücklich seyn will.

Auf das Aufsteigen dieser drey Stuffen
gründet sich die ganze Perfektibilität des Men=
schen. Er muß wieder in Besitz der reinen
Vernunft,

in

in Besitz eines ordentlichen Willens,

und einer harmonischen Selbstthätigkeit
kommen.

Diese harmonische Selbstthätigkeit kann
aber nur aus einem ordentlichen Willen ent-
springen, der dem reinen Vernunftgesetze untergeordnet ist.

Gott, der die große Menschenerziehung als
der Vater aller Menschen über sich hat, ord-
nete daher nach unveränderlichen Gesetzen seiner
Weisheit auch drey Epochen zur Erziehung des
Menschengeschlechts.

Die erste Epoche ist der alte Bund, bestimmt für die Kindesjahre der Menschheit.

Die zweyte Epoche ist im neuen Bunde,
bestimmt für die Jünglingsjahre der Menschheit.

Die dritte Epoche ist im dritten Bunde des
versprochenen Gestalters, bestimmt für die
Mannsjahre der Menschheit.

Im alten Bunde liegt alles im Hieroglyph, und in lebendige Sinnbilder waren alle Formen der Weisheit gehüllt.

Im neuen Bunde kam ein lebendiges Organ der Gottheit, das uns praktisch durch Beyspiele der Liebe zeigte, was die Weisheit theoretisch im alten Bunde enthielt.

Endlich wird der von diesem Organ der Gottheit versprochene Geist das Alte mit dem Neuen vereinen, und der Theorie der Weisheit und der Praktik der Liebe die Selbstthätigkeit geben, damit Weisheit und Liebe zum Wesen werde, und eine Gestalt hienieden gewinne, die man Vollkommenheit nennt.

Nach den unveränderlichen Gesetzen der Ordnung hat auch diese sukzessive Menschenbildung ihre Ordnung, und zuerst muß sie unter den Lichtfähigen, oder den Erwählten vollendet werden, alsdann verbreitet sich erst aus diesem Mittelpunkte Weisheit und Liebe über die Erde aus.

Nach den ewigen Gesetzen der Dinge waren nur die Lichtempfänglichen jeder Zeit der

Aufnahme

Aufnahme des Lichts fähig. Diese waren es auch allein, die das ewige Licht erzog, und mit denen es die Lichtbündniße schloß, um auch die übrigen zum Licht zu führen.

Alles zur Vollkommenheit zu bringen ist der große Schöpfungsplan der Gottheit; überall, wo Tod ist, Leben zu geben; wo Ohnmacht, Kraft zu ertheilen; wo Schlummer ist, Thätigkeit zu erwecken; — diese ist die Lichts Wirkung Gottes auf die Menschen.

Dieser Zweck kann aber nur erreicht werden durch Weisheit und Liebe, und durch den aus Weisheit und Liebe ausgehenden Geist.

Dahin zielt alles; alles ist Vorbild, Urbild, Nachbild. Die Welt war da, um vor der Geburt des Heilandes alles in dem alten Bunde in den Weisheitsformeln vorzubilden, wie sie da ist nach seinem Tode, alles in seinem Geiste auszudrücken.

Alles muß eine Wesenheit erlangen; dieses ist ein ewiges, unveränderliches Gesetz; aber nur der Geist giebt die Wesenheit. So werden

den Weisheit und Liebe erst zur Wesenheit werden, wenn der aus Weisheit und Liebe ausgehende Geist die Selbstthätigkeit dem liebenden Willen und diesen der gesetzgebenden Weisheit untergeordnet; alsdann werden Kraft, Macht und Thätigkeit vereint seyn.

Die Weisheit wird Kraft, die Liebe Macht geben, und die aus Weisheit und Liebe ausgehende Selbstthätigkeit der Menschen wird der Vervollkommnung des Menschengeschlechts ihre Wesenheit geben. So wird Glückseligkeit, Zufriedenheit, und Vergnügen wieder auf Israel kommen; so wird Gott sein Volk, das ist: die, die ihm anhangen, in Canaan einführen.

Was wären Weisheit und Liebe ohne Macht? Aber nach den unveränderlichen Gesetzen der Ordnung kann Gott nur dann die Macht verleihen, wenn Weisheit und Liebe zuvor gegründet sind.

Alles folgt der Ordnung; Harmonie ist in allen Anstalten Gottes. Wer nach

Weisheit

Weisheit und Liebe gerungen hat, der verdient
erst die Krone der Macht.

Die Weisheit giebt die Rüstung; die Liebe
führt den Kampf, dann sieget erst der Geist
und setzt den Lorbeer auf das Haupt des
Kämpfers.

Anbethungswürdig ist der Gang der Menschenbildung. Zuerst wurden Sinnbilder für
den animalischen Menschen gegeben, der auch
nur den todten Buchstaben verstund, und nur
an dem todten Buchstaben hieng; alsdann
wurde durch das Evangelium zur Praktik des
Gesetzes geführt, und endlich muß der aus
Theorie und Praktik entspringende Geist die
Vollendung geben.

Im alten Bunde war der Anfang der
Vervollkommnung des Menschengeschlechts; da
lagen die Sinnbilder im Buchstaben; im neuen
Bunde lehrte uns Christus diese Buchstaben
zusammsetzen nach den Grundregeln der Liebe.
Im dritten Zeitalter werden die Erwählten die
Bücher der Weisheit und Liebe lesen lernen,
und verstehen durch seinen Geist.

So

So wird der natürliche, geiſtige und gött=
liche Menſch an Leib, Seele und Geiſt zur
Vollendung gebracht werden, und Licht, Leben
und Kraft erhalten.

Dieſe letzte Epoche iſt der Schauplatz der
Offenbarung, und der Vollendung aller Ge=
heimniſſe.

Dieſes Zeitalter des Geiſtes iſts, welches
erſt eigentlich Licht, Kraft und Leben überall
verbreiten wird; das den Glauben zum An=
ſchauen bringt, den Vorgeſchmack und Vor=
geruch der künftigen Fülle in wahren ſätti=
genden Genuß verwandelt, und des Wiſſens
Stückwerk in dieſer Zeit in das Ganze der
vollkommnen Erkenntniß einführen wird.

Aber wer bürgt uns, werden einige ſagen,
für die Wahrheit dieſer ſchmeichelnden Hoff=
nung? — Gott ſelbſt, ſeine Vollkommenheit,
ſeine Ordnung, alle Verhältniſſe der Natur.
Er, der Vollkommene, kann nichts unvoll=
kommen laſſen; alles muß durch den in Har=
monie und Ordnung gebracht werden, der ſelbſt
Harmonie und Ordnung iſt.

Hier

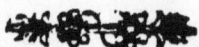

Hier auf dieser Erde ist die Sünde entstanden, und Tod und Elend waren ihre Folge; — hier auf dieser Erde muß die Sünde getilgt, müßen Tod und Elend zerstört werden.

Hier auf dieser Erde hat Christus sein Blut vergossen, um den Keim des Lebens wieder auf die Erde zu bringen; hier muß sich auch dieser Keim wieder entwickeln, und die Früchte des Geistes tragen.

Hier, wo Christus geboren war, wo er litt, wo er verhöhnt ward, wo er starb — hier wird er unter den Seinigen in aller Herrlichkeit erscheinen, und den großen Zweck der Menschenerlösung durch seinen Geist vollenden.

Hier, wo sein Kreuz einigen zur Thorheit, den andern zur Aergerniß wird, hier muß sich die Weisheit seines Triumphes offenbaren.

Alles Innere arbeitet sich heraus ins Aeußere.

Alles Aeußere muß eine Gestalt und Form bekommen, damit es Wesenheit werde. So arbeitet sich auch das Reich Gottes von innen

heraus,

heraus, und der göttliche Geist giebt Kraft und Macht, und bringt alles zur Wesenheit.

Wäre der Sieg wohl vollkommen über Tod und Hölle gewesen, wenn nicht hienieden, wo der Tod und die Hölle wütheten, auch ihre Kraft und ihre Macht zerstört würden?

Adam war nicht als ein Geist erschaffen, sondern als ein vollkommner Geistmensch. Durch die Sünde verlor er seine Vollkommenheit, und brachte das Böse und den Tod auf seine Nachkommenschaft.

Der Versöhner, der alles wieder zur Vollkommenheit führt, wird auch hienieden die vollkommene Menschenwürde wieder herstellen, und alles, was die Menschheit an Adam verlor, muß sie in Christo wieder finden — Die Vernunft in Christo Weisheit, das Herz Liebe, die Selbstthätigkeit den Trieb des Geists Gottes. So wird Glückseligkeit, Zufriedenheit und Vergnügen unter die Erwählten des Menschengeschlechts kommen, und das Reich Jesus Messias,

Meſſias, das Reich der Weisheit und Liebe
gegründet werden.

Die vollkommene Ausbildung und höchſte
Perfektion der menſchlichen Natur beſteht in
den proportionirten Verhältniſſen zwiſchen Vernunft, Willen und Selbſtthätigkeit des Men-
ſchen. Die Disproportion iſt die Quelle aller
Zerrüttung und alles Elendes.

Vernunft und Wille ohne Selbſtthätigkeit
verzehren in vergeblichen Schmachten Mark
und Gebein.

Vernunft ohne Liebe macht grauſam und
hart.

Liebe ohne Vernunft verwundet anſtatt zu
heilen.

Thätigkeit ohne Vernunft zerſtört anſtatt zu
bauen.

Thätigkeit ohne Liebe tödtet anſtatt zu be-
leben.

Alles Elend der Tage unſerer Wallfahrt
ſtrömt aus der Quelle dieſer Disproportionen.

Das

Das eigentliche Werk des Auferstandenen
ist die Disproportionen zu heben. Dahin zielt
die ganze und große Menschenerziehung Got=
tes, überall Harmonie und Gleichmaaß in sei=
ner Gemeinde herzustellen; überall die Thätig=
keit mit dem reinen Willen, den reinen Wil=
len mit der Vernunft, und die Vernunft mit
Gott zu vereinigen.

Der alte Bund lehrte den Lichtfähigen
Weisheit in ewigen, und unveränderlichen
Formen.

Der neue Bund lehrte den Lichtfähigen
Liebe und Praktik in Handlungen durch das
Beyspiel des lebenden Organs der Weisheit,
die Christus war.

Seit dieser Zeit waren zwey Bücher des
Unterrichts für die Erwählten. Das Buch
des alten Bundes als die Theorie aller Wahr=
heiten des Gesetzes; das Evangelium als
das Buch des neuen Bundes, als das Buch
der Praktik aller Weisheitsformen durch die
Liebe.

Durch

Durch diese zwoey Bücher bildeten sich die
Lichtfähigen jeder Zeit, durch Weisheit und
Liebe, durch Gnade und Segen von oben im
Kampfe gegen die Sinnlichkeit.

Aber was wäre Weisheit und Liebe ohne
Kraft? Was wäre ein ewiger Kampf ohne
Sieg?

Weisheit und Liebe ohne Macht wären
kein Lohn für den Guten; es wäre Strafe,
Weisheit zu besitzen, und den Thorheiten immer vergebens entgegen zu kämpfen; Liebe zu besitzen, und keine Macht haben sie auszuüben,
wie elend wäre dieser Zustand!

Nichts ist ohne Zweck. Wo Gesetz und
Mittel sind, da ist der Zweck nothwendig. Wo
Weisheit Gesetz, Liebe das Mittel ist, da muß
Macht der Vollziehung nothwendig folgen, frü-
her oder später.

Auch seinen Erwählten, denen Gott Weisheit und Liebe gab, wird er Macht geben,
Weisheit und Liebe auszuüben. Die Suk-
zessionen der Zeit hindern die Ausführung des
großen Planes des Schöpfers nicht.

Zuerst

Zuerst muß der Saame in die Erde geworfen werden; dann bedecken ihn Reif und Schnee, Regen und Stürme toben über ihn; endlich entwickelt er sich im Frühjahre und nähert sich im Sommer der Erndte.

Auch das Reich Gottes hat seine Erndtezeit; der Vollkommene läßt nichts unvollkommen; der Harmonische bringt alles in Harmonie; Gleichmaaß und Proportion müßen im Reiche der Güte und Gerechtigkeit herrschen.

Der Mensch hat zween Triebe in sich, die, wenn sie nicht unter dem Gesetze der Vernunft stehen, und unter einem geordneten Willen, sich immer einander bekämpfen.

Aus diesem Streit entsteht auch alles Uebel in der Welt. Der eine Trieb ist der Trieb der Selbstthätigkeit; der andere der Trieb der Sinnlichkeit.

Jener dringt auf ein vernunftfähiges, das ist, auf ein freies, nach allgemeinen Regeln der Ordnung eingerichtetes Verhalten.

Dieser

Dieser hingegen auf Befriedigung aller sinnlichen Neigungen und Bedürfnisse.

Dieser Trieb hat sich selbst zum einzigen Zweck, konzentrirt alles auf sich selbst, und sieht alles andere außer sich als Mittel an, seinen Zweck, der er selbst ist, zu erreichen.

Er ist daher voll Eigendünkel, Habsucht, Rechthaberey. Er verkehrt die Ordnung der Dinge und ist die Ursache alles Bösen.

Sittlichkeit ist das Verhalten des Menschen nach ewigen Vernunftgesetzen, deren Quelle Gott allein ist.

Sinnlichkeit ist das Verhalten des Menschen nach thierischen Bedürfnissen.

Der Mensch ist ein Verstandes- und Sinnenwesen zugleich; oder ein unter sinnlichen Bedingnissen existirendes Vernunftwesen.

Sinnlichkeit und Vernunft sind die Hauptcharaktere, welche sich in einem Subjekt vereinigen.

Die

Die Sinnlichkeit hat der Mensch mit den Thieren gemein; er hangt durch sie an dem Thierreiche.

Vernunft hat der Mensch mit dem Geiste gemein; er hangt durch sie am Geisterreiche.

Der Mensch ist nicht vernünftig um thierisch zu seyn; er ist thierisch und sinnlich, damit er vernünftig werde, folglich ist und bleibt die Sinnlichkeit immer Mittel zum Zweck.

Die Quelle der reinsten Vernunft, die Gott ist, bleibt daher immer das Erste und Unbedingte, und die Sinnlichkeit das Bedingte; nie kann und darf Sinnlichkeit Gesetz seyn. Nur dann, wenn die Sinnlichkeit wieder unter dem Gesetze der Sittlichkeit steht, dann ist das gestörte Gleichgewicht wieder hergestellt; dann hört der Kampf der streitenden Kräfte auf, und Ruhe und Glückseligkeit erscheinen.

Darinn besteht die höchste Vervollkommnung des Menschengeschlechts; darinn der Sieg des Lichts über die Finsternisse, die Alleinherrschaft des Guten über das Böse, das Reich Christi.

Freilich

Freilich werden hier noch einige Anwenden: Welche Sicherheit, welchen Beweis hat der Vernünftige für diese Behauptungen? wo steht das Ziel der Vollkommenheit des Menschen? wie gelangt man dahin? ist die Linie, die dahin führt eine Asymptotte? eine Ellypse? eine Cycloide, oder welch eine andere Kurve? — Und ich antwortete darauf: sie ist eine gerade Linie, denn die Abweichung von der geraden Linie ist eben die Ursache von dem Zustande des Guten und Bösen, in dem wir leben. Wir finden von dieser Wahrheit ein Beyspiel in der Natur.

Die Beobachtung zeigt uns, daß die Bewegung der Erde durch zwo Kräfte hervorgebracht wird — durch die anziehende Kraft der Sonne, die sie annähert, und durch die Schwerkraft ihrer selbst, die sie entfernt.

Diese zwo entgegengesetzte Kräfte sind daher die Ursache, daß die Welt einen Kreis durchlauft.

Da sie keinem dieser streitenden Gesetze vollkommen folgt, sich von jedem leiten läßt, so

bildet

bildet ihr Lauf einen Cirkel, der sonst eine
Perpendikularlinie bilden würde.

Diese Beobachtung läßt uns schließen, daß
das Sinnliche durch die Theilnahme an zwey
widerstreitenden Kräften entstanden sey, von
welchen keine vollkommmen auf uns wirkt.

Die Attraktionskraft der Vernunft zieht
unser Wesen immer an sich, und die Schwerkraft der Sinnlichkeit entfernt es, und so
durchlaufen wir den Cirkel der Veränderung.
Folgten wir ganz dem Attraktionsgesetze, so
müßte der Zirkel aufhören, und die Perpendikularlinie erfolgte.

Aus der Theilung unsers Willens entstund
das Gute und Böse; durch diese Theilung
wurden auch unsere Kräfte getheilt, und
Schwäche und Veränderungen waren die Folge davon, die nicht eher wieder aufhören kann,
als bis die Kräfte vereint sind, und die Sinnlichkeit sich dem Gesetze der Attraktion unter-
wirft, dann ist Harmonie im Ganzen wieder
hergestellt.

C

O ihr, die ihr nach Wahrheit ringet! troknet eure Thränen, die ihr über's Bruder-Geschlecht der Menschen geweint habt! Gott befriedigt jeden Trieb zu seiner Zeit; auch unsere Triebe nach Licht und Wahrheit, wodurch allein nur Menschenglückseligkeit entstehen kann, werden befriedigt werden.

Liebe, Wahrheit und Weisheit, die Töchter des Himmels, haben sich ins innerste Heiligthum geflüchtet; sie sind aus der Welt nie ganz vertrieben worden; die Vorsehung verhüllte sie mit einer Wolke den Augen des Unheiligen, die die Erwählten jedes Zeitalters genossen.

Die Glückseligkeit, die von der Erde verbannt war, wurde von diesen heiligen Schwestern aufgenommen, und wenn die Zeit den Vorhang des innersten Heiligthums aufziehen wird, so wird an der Hand des Geistes der Liebe, Wahrheit und Weisheit, die Glückseligkeit wieder auf der Erde erscheinen, und dieser Geist ist Christus-Geist.

Men-

Menschenvervollkommnung ist kein Ideal,
ist Wirklichkeit, die einst existiren wird und
muß; nur ist noch die Frage: welche ist die
Art, wodurch das Menschengeschlecht dahin
geführt wird, und welche sind die Mittel?

Der Gerechte war in jedem Zeitalter das
besondere Augenmerk Gottes; nur an die Lichtfähigen jeder Zeit schloß sich die Gottheit an.
Mit diesen errichtete sie ihre Bündnisse; ihnen
offenbarte sie ihre heilige Geheimnisse; sie wurden unterwiesen, wie sie auf die übrigen Men-
schenklassen nach ihrer Fähig- und Empfäng-
lichkeit das empfangene Licht wieder weiter verbreiten und wirken sollten.

So machte Gott Abraham, den Lichtfä-
higsten seiner Zeit, zum Stammvater seines
Volkes, d. h. zum Stammvater der Kinder
des Lichts, der Erwählten.

Eine ununterbrochene Kette gieng von Er-
schaffung der Welt bis auf unsere Zeiten unter den Lichtfähigen fort, und Christus selbst
schloß sich in Mitte der Zeit als das Zentrum

C   des

des Lichts an selbe an, nach der Ordnung des Priesterkönigs Melchisedech.

Wer waren aber diese Erwählte, diese lichtfähige Menschen? — Die, die den nackten Glauben besaßen, wie Abraham; die reine Aufopferung wie Isaak, und die vollkommene Uebergabe wie Jakob. — Die, die kein anderes Licht suchten, als die Quelle des Lichts, die Gott ist; die keinen andern Willen hatten als den Willen dessen, der sie schuf; die keine andere Thätigkeit suchten; in keinem andern Geist wandelten, als in dem Geiste der Heiligkeit Gottes. Diese machten die Kinder Gottes, die Erwählten und Berufenen jedes Zeitalters aus; mit ihnen begann Gott das große Werk der Menschenerziehung. Sie führte Gott zuerst durch die Stuffen der Kindes- Jünglings- und Mannsjahre der Erziehung; erst müßen die Erwählten vollendet werden, dann wird das übrige Menschengeschlecht durch die Vollendeten erzogen. So sind die ewigen und unveränderlichen Rathschlüße der Gottheit.

Man blicke in die ältesten der Menschen-Geschichten zurück, und betrachte das erste Le-

ben

ßen der Patriarchen. Da waren die Kindes-
Jahre der Erwählten. Wie ein Vater han-
delte Gott mit seinen Lichtkindern; spielend
legte die Gottheit die Elemente der Weisheit
und Wissenschaft in die unbefangenen Kinder-
Seelen. Mit väterlicher Zärtlichkeit wurden die
unmündigen Lieblinge der Menschen geherzt;
sie waideten auf grünen Auen, freuten sich bey
erquickenden Quellen, wandelten in finstern
Thälern ohne Furcht für Unglück, denn die
Vaterhand war bey ihnen, sein Hirtenstab,
der sie leitete.

Nun reifte aber bald die zarte, verschloßne
Knospe, und edlere Lebenskräfte began-
nen sich zu öffnen. Der große Menschenerzie-
her tritt in einem andern Verhältnisse auf; er
erscheint als Herr und Gesetzgeber im mosaischen Zeitalter. Das Zarte, Spielende, Müt-
terliche der bisherigen Erziehung verwandelte
sich in scharfe Schulzucht und gemessene Lehr-
ordnung um; in ein bestimmtes Befehlen und
Gehorchen, Belohnen und Strafen.

C 2   Hier

Hier kömmt der Knabe aus der Kinder-
schule auf die Schulbank, lernt unter Zwang
und Ruthe Buchstaben und Bilder, Anfänge
höherer Weisheit und Wissenschaft werden ihm
im Gesetze vorgelegt, die er noch nicht ahndete;
alles bezog sich auf den sinnlichen Menschen.

Nun kamen die Jünglingsjahre der Erwählten; die geöffnete Knospe entfaltete sich,
trieb Blüthe und Frucht; der große Men-
schenerzieher erscheint wieder in einem andern
Verhältnisse. Hier tritt Christus als Gott-
mensch auf, als Freund; die scharfe Schulzucht verschwindet mit der gemessenen Lehrord-
nung von Befehlen und Gehorchen, Belohn-
nen und Strafen. Die Sklavenähnlichkeit
verwandelt sich in brüderliche Vertraulichkeit;
das Bilderwerk des mosaischen Gesetzes be-
kommt eine andere Gestalt, und erscheint im
freien, geistigen, lebendigen Unterricht des
Evangeliums. Der Erzieher erhebt die Söh-
ne in ihre angeborne Rechte, eröffnet ihnen
den Plan und Zweck der Erziehung, Herkunft,
Stand und ihre Bestimmung.

Endlich

Endlich werden die Lichtkinder mannbar, nachdem sie den theoretischen und praktischen Unterricht vom Vater zu ihrer Vollkommenheit und Glückseligkeit empfangen haben. Sie bekommen Kraft und Macht nach diesem Unterricht zu handeln, werden als Erben des Reichs erkennt, und ihnen die Mitregentschaft übergeben.

So sind drey Hauptepochen, wodurch Gott zuerst seine Erwählte, und endlich durch sie die übrigen des Menschengeschlechts zu ihrer Vollendung hinführt. So wird das Animalische zum Intellektuellen, das Intellektuelle zum Geistigen geleitet; so wird das Sinnliche zum Verständigen, das Verständige zum Höchstvernünftigen geführt.

Die Bibel ist daher die fragmentarische Geschichte der allmählichen Entwicklung des dreyfachen Lebens des ganzen Menschengeschlechts; ist der Erziehungsplan mit seinem Lieblingsgeschöpfe, dem Menschen.

Das alte Testament zeigt dem animalischen und sinnlichen Menschen alles in Bildern, was

zu

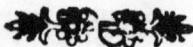

zu Vervollkommnung seines intellektuellen Wesens nöthig ist; hier liegt der Buchstab.

Das Evangelium ist der Wegweiser zur verständigen Praktik und Entwicklung der Vollkommenheiten des Geistes, und endlich der aus dem Evangelium entspringende Geist ist die höchste Vollendung der Menschenperfektion.

Es verhält sich alles wie Saame, Blüthe und Frucht. So wird das dreyfache Wesen des Menschen, das aus

Leib, Seele und Geist

besteht, zur Vollendung geführt; die Sinnlichkeit dem Willen, der Wille der Vernunft untergeordnet; der Mensch an Christus, und durch Christum an den Vater angeschlossen.

Von dieser Wahrheit sind Blut, Wasser und Geist die ewigen Zeugen; das Blut als Sinnbild des animalisch= und sinnlichen Menschen; das Wasser als Sinnbild des Geistigen; und der Geist als Sinnbild des Göttlichen.

So

So wird das Sinnliche dem Geistigen; das Geistige dem Göttlichen unterworfen; so wird der Glaube zur Erkenntniß, die Erkenntniß zur Vereinigung führen.

So war der alte Bund der Anfang, der neue der Fortgang, und das Geistalter wird die Vollendung seyn.

Dieß ist die Art und Weise, wie Gott zuerst jedes Individuum seiner Erwählten, dann endlich das ganze Menschengeschlecht zur Vollendung führt.

Zuerst durch Kindersinn;

dann durch Streit und Kampf;

letztlich durch die Krone des Sieges.

Im Winter liegt der Keim nur potentialiter in der mit Schnee bedeckten, oft kaum sichtbaren jungen Pflanze.

So lag der Keim unserer Perfektibilität unter dem strenggesetzlichen Zustande des alten Bundes.

Dieser

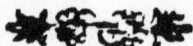

Dieser Keim fieng an im Frühjahre ein näheres Verhältniß zu der Sonne der Geister zu empfangen. Von ihrer Wärme belebt und beseelt vom Licht grünte sie und wuchs empor. Endlich nähert sich die Zeit des Sommers, die volle Entwicklung der innern Lebenskraft; die Pflanze kömmt zur Reife und wird genießbar.

Dieses ist der Gang der drey Hauptzeiten, Welten, Werke und Offenbarungen Gottes; — der Gang der Bildung des Menschen mit seiner physischen, intellektuellen und geistigen Natur, und der Fortschreitung seines gesammten Wesens bis zur Wiedervereinigung mit der Urquelle alles Lebens, in welcher Einheit nur Existenz, Kraft und Wesen ist; wo einst alle Maaßstäbe der Zeit nach Zahl, Maaß und Gewicht aufhören, und Gott Alles in Allem seyn wird.

Aber wie vergleicht sich dieses, werden mir einige einwenden, mit dem Geist der Zeiten? Scheint das Menschengeschlecht nicht in einem ewigen Zirkel von Auf= und Absteigen, von Vervollkommnung und wieder Herabsinkung

zur

zur Thierheit getrieben zu werden? Steigen nicht die Reiche von der Barbarey bis zur höchsten Kultur, verfallen dann wieder, und verlieren sich in Dummheit und Unwissenheit? —

Ja! das ist der Gang der Dinge, der Gang des Veränderlichen; Aufsteigen und Fallen ist das Loos der Außenhülle: allein der Geist, der im Innern ist, verfällt nicht; er leidet nicht unter der Veränderung; er entwickelt sich nur, nimmt andere Formen an, wirft sie wieder ab, und arbeitet sich durch alle mögliche Rinden und Hindernisse von Vorurtheilen und Irrthümern durch.

Vergebens wird er neuerdings unterdrückt, und mit Fesseln in neue Formen eingekerkert; die Zeit zerschlägt auch diese, bis der Geist endlich rein und vollkommen erscheint.

Ehe der Geist der Sanftmuth und Liebe, der Geist des Evangeliums kommen konnte, war es nothwendig, daß der strenge Geist des Gesetzes herrschte; der Buchstabe mußte zuerst

erst tödten, ehe der Geist lebendig machen könnte.

Aus Barbarey und Abgötterey tagte das Menschengeschlecht allmählich hervor, reifer zum Begriff einer Gottheit. Die Seelenkräfte wurden durch so viele Nationalbildung orientalischer, ägyptischer und römischer Gewohnheiten durch unzählige Stuffen und Auftritte entwickelt, und dieses alles mußte vorhergehen, ehe nur die mindesten Anfänge zur Anschauung, Begriff und Zugestehung eines Ideals von Religion konnten gemacht werden.

Alle Ideen müßen sich auch stuffenweis entwickeln; Nationen sich vereinigen, ihre Vorurtheile und Meinungen unter fremde Horizonte bringen, andere hingegen aus Bedürfnissen aufnehmen, in ihr Wesen einschmelzen, um sie wieder mit der Zeit, die alles läutert, umzuschmelzen, bis der Geist der Wahrheit ein von allen Schlacken geläutertes Gold ist.

So liegt das Ferment der moralischen Gährung im Ganzen, so muß sich der Geist durch alles durcharbeiten, was ihn verschließt, bis

alle

alle Rinden weggeschoben, alle Ketten zertrüm= mert sind, die ihn schließen, bis er frey von Vorurtheilen, Irrthümern und Verirrungen ist, welche Freyheit er nur dann findet, wenn alles unter ihm ist, was ihn hindert, sich ins Geisterheimat aufzuschwingen, und die Vor= rechte seiner Bestimmung zu genießen.

Nahe sind wir, ich wiederhole es, einer wichtigen Epoche, und diese ist die vollendete Menschenbildung der Lichtfähigen, der Er= wählten.

Zerstreut auf der weiten Erde, lebten sie seit Jahrhunderten in verschiedenen Winkeln, und huldigten einsam der Weisheit und Liebe.

Unbekannt von Menschen, arbeiteten sie im Stillen an dem großen Bau einer heiligen Stätte der innern Glückseligkeit; geduldig harrten sie auf die Stuffe der Entwicklung; tief drang in ihr fühlendes Herz die unzu= gängliche Scheidewand zwischen Menschen und Menschen; tief fühlten sie die Wunde des Brudergeschlechts der Menschen, fühlten die Kette, die sie lastete, das Ungemach, das sie drückte. Nur der Blick in die Zukunft

tröstete

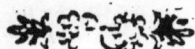

tröſtete ſie, wenn ſie ihr Aug ſchloßen, und hinauf blickten — zur höhern und beſſern Welt — harrend unter den Stürmen auf die Zeit der Erlöſung, die ſich nun nahet.

Allgemach rollt ſich der Vorhang ins In- nerſte für die Seher auf; die Arche des Bundes zwiſchen dem Licht und den Lichtfähi- gen zeigt ſich mit den verſprochenen Kräften.

Nun iſt die Frage: Welche Mittel giebt denn Gott ſeinen Vollendeten, und worinn ſoll die Kraft und Macht ſeiner Erwählten be- ſtehen? —

Die Antwort auf dieſe Frage iſt längſt deutlich vorher geſagt; längſt ſchon wörtlich durch Johannes Bilderſprache verkündigt.

Es iſt ſein Geiſt, den Chriſtus den Sei- nen geben wird, und dieſer Geiſt iſt die aus Weisheit und Liebe ausgehende Kraft; eine Lichtkraft, die unſer Innerſtes erleuchtet, und alles Verborgene an Tag bringt. Es iſt der Geiſt, durch deſſen Kraft die Apoſtel und Propheten weißſagten, und Wunderwerke ver-

richteten,

richteten, und mittels welcher, wie Christus
sagt, seine Anhänger noch größere Wunder
thun sollen, als er selbst auf Erde gethan hat.

Der Geist dieser Weisheit begreift die
Summa aller göttlichen sowohl als natürlichen
Geheimnisse; der Wissenschaften Stückwerk
wird durch ihn in ein Ganzes umgegossen;
und dieser Geist giebt den Erwählten deutlich
zu erkennen, wie und welcher Gestalt in
Christo, als in dem Worte Gottes alle Schä-
tze der Weisheit, Himmels und der Erde, und
deren Erkenntniß verborgen liegt.

Es ist ein ewiges Reichsgesetz Gottes, daß
das Licht sich in zwölf lichtempfänglichen Or-
ganen ausdrücke. So durchlauft die irdische
Sonne die 12 Zeichen des Thierkreises. In
zwölf Edelgesteinen funkelte das Licht im Tem-
pel auf dem Ephot der Priester, und zwölf licht-
empfängliche Männer wählte sich Christus zu
Aposteln seines Evangeliums; zwölf geistem-
pfängliche Herzen zu Grundsteinen seines neuen
Jerusalems.

Bereits,

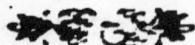

Bereits (es höre, wer ein Ohr zu hören hat!) — sind die zwölf Thore geöffnet, wodurch die Erwählten in die Stadt der Herrlichkeit eingehen sollen.

Diese Thore sind die zwölf Wahrheiten des Geistes, wodurch Kraft und Macht auf seine Erwählten kommen.

Diese Wahrheiten bestehen

1. In der vollkommenen Kenntniß Gottes und der Natur.

2. In der Kenntniß des sichtbaren und unsichtbaren Lichts, wodurch der Lichtfähige zur Einsicht aller Wahrheiten sowohl im Intellektuellen als Physischen geführt wird.

3. In der Kenntniß und Wissenschaft aller Wirkungen eines dreyfachen Geistes, sowohl des Göttlichen, Geistigen, als Natürlichen.

4. In der Kenntniß und Wissenschaft aller Wesenheiten und Wirklichkeiten der Dinge

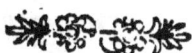

ge bey ihrem Entſtehen, Daſeyn und Fort-
dauer.

5. In der Erkenntniß und Wiſſenſchaft aller
Verhältniſſe, Geſetze, Scheidungen und Auf-
löſungen, des Lebens und des Todes der
Dinge.

6. In der Kenntniß und Wiſſenſchaft aller
Harmonien, Ordnungen, Proportionen, Zu-
ſammſetzungen der Dinge.

7. In der Kenntniß und Wiſſenſchaft der
geiſtigen Kräfte, des Zuſammenhangs der in
intellektuellen mit der phyſiſchen Welt.

8. In der Wiſſenſchaft und Kenntniß der
äußern Natur, der Körperwelt, und ihres
Zuſammenhangs mit andern Welten.

9. In der Kenntniß und Wiſſenſchaft aller
Beſtandtheile, Eigenſchaften und Wirkungen
der Dinge im Geiſter- und Naturreiche.

II.

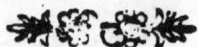

10. In der Kenntniß und Wissenschaft der Uebersicht der ganzen Natur- und Geisterkette der Dinge.

11. In der Kenntniß und Wissenschaft des Aeußern und Innern, des Alten und Neuen, des Vergangenen und Zukünftigen, des Veränderlichen und Unveränderlichen, des Guten und Bösen, als des Baums der Wissenschaft des Guten und Bösen.

12. In der Kenntniß des Zusammenhangs des Göttlich, Geistig und Physischen, durch Jesum Christum, den Mittler und Erlöser, als den Baum des Lebens, der der Weg zur Erkenntniß für den Verstand, die Wahrheit für das Herz, und das Leben für den Geist ist.

Aus diesen Kenntnissen und Wissenschaften schöpfen die Erwählten durch Einheit des Geistes, die versprochene Gabe der Stärke, Macht, Herrlichkeit, Zierde und Schönheit, Gesundheit, Reichthum des Geistes und

und Leibes; geistig- und leibliche Gaben des Geists Gottes, als das versprochene Erbtheil der Erwählten, und die Früchte der Furcht und Liebe, der Wahrheit und der Erkenntniß, des Raths und der Stärke, der Wissenschaft und Frömmigkeit.

Alles dieses hat Johannes in der Bilder-Sprache deutlich ausgedrückt.

Das Buch, das innwendig und auswendig überschrieben ist, ist das Buch des Geists Gottes und der Natur.

Die sieben Siegel, die es verschließen, bedeuten die sieben Hindernisse des Menschen ins Innere der Dinge zu sehen, und die Geist- und Naturkräfte zu erkennen, wodurch das Buch für ihn versiegelt ist.

Das Lamm mit sieben Augen und sieben Hörnern bedeutet das Göttlich-Menschliche; die sieben Augen die Summe der höchsten geistigen Erkenntniß; die sieben Hörner die Summa der höchsten Kräfte.

D   Die

Die Macht, die das Lamm allein hat, diese Siegel aufzuschließen, bedeutet, daß der Mensch Kraft und Macht ins Geisterreich zu sehen verloren hat; daß er diese Kraft und Macht nur durch Vereinigung der Kräfte wieder erhalten kann, und diese Einheit der Kräfte ist nur durch den Geist möglich, der aus dem Göttlich-Menschlichen ausgeht, und das Innerste aller Wesenheiten im Lichte zeigt.

Dieses Lamm ist das ausgesprochene Wort, das sich beständig durch Liebe der Allmacht aufopfert. Die vier Thiere um den Thron des Lamms sind die Kräfte des Menschen, Verstand und Wille, Lichtfähigkeit, Stärke und Beständigkeit, Selbstthätigkeit.

Diese Thiere sind voll Augen, voll Erkenntniß-Organe, ihre Flügel bedeuten die Kraft sich aufzuschwingen; Tag und Nacht sprechen sie die Liebe und Weisheit des Herrn aus — Heilig! heilig! heilig!

Es ist genug gesagt! Wer Geist zum Fassen hat, der fasse!

Die

Die Thore Jerusalems sind geöffnet; wer
hinaufziehen will, der ziehe im Geist; er
wird erfahren: noch ist und lebt Gott in Zion
auf dem heiligen Berge, und er ist jedem,
der ihn sucht, eine Zuflucht, und eine Veste
den Kindern Israels.

Die Thore Jerusalems sind geöffnet, wer
hinaufziehen will, der ziehe!!!

www.ingramcontent.com/pod-product-compliance
Lightning Source LLC
Chambersburg PA
CBHW022025190326
41519CB00010B/1604